上海市工程建设规范

装配整体式混凝土结构工程监理标准

Standard for management of assembled monolithic concrete structure project

DG/TJ 08—2360—2021

J 15831—2021

主编单位：上海三凯工程咨询有限公司
　　　　　上海市建设工程安全质量监督总站
　　　　　上海市建筑建材业市场管理总站
批准部门：上海市住房和城乡建设管理委员会
施行日期：2021 年 10 月 1 日

同济大学出版社

2021　上海

图书在版编目(CIP)数据

装配整体式混凝土结构工程监理标准 / 上海三凯工
程咨询有限公司,上海市建设工程安全质量监督总站,上
海市建筑建材业市场管理总站主编. —上海:同济大学
出版社,2021.10

ISBN 978-7-5608-9104-0

Ⅰ.①装… Ⅱ.①上… ②上… ③上… Ⅲ.①装配式
混凝土结构-监理工作-技术标准-上海 Ⅳ.
①TU37-65

中国版本图书馆 CIP 数据核字(2021)第 184493 号

装配整体式混凝土结构工程监理标准

上海三凯工程咨询有限公司
上海市建设工程安全质量监督总站　**主编**
上海市建筑建材业市场管理总站

策划编辑　张平官
责任编辑　朱　勇
责任校对　徐春莲
封面设计　陈益平

出版发行　同济大学出版社　　www.tongjipress.com.cn
　　　　　(地址:上海市四平路 1239 号　邮编:200092　电话:021-65985622)
经　　销　全国各地新华书店
印　　刷　浦江求真印务有限公司
开　　本　889mm×1194mm　1/32
印　　张　1.875
字　　数　50 000
版　　次　2021 年 10 月第 1 版　　2021 年 10 月第 1 次印刷
书　　号　ISBN 978-7-5608-9104-0
定　　价　20.00 元

上海市住房和城乡建设管理委员会文件

沪建标定〔2021〕299 号

上海市住房和城乡建设管理委员会
关于批准《装配整体式混凝土结构工程监理
标准》为上海市工程建设规范的通知

各有关单位：

由上海三凯工程咨询有限公司、上海市建设工程安全质量监督总站、上海市建筑建材业市场管理总站主编的《装配整体式混凝土结构工程监理标准》，经我委审核，现批准为上海市工程建设规范，统一编号为 DG/TJ 08—2360—2021，自 2021 年 10 月 1 日起实施。

本规范由上海市住房和城乡建设管理委员会负责管理，上海三凯工程咨询有限公司负责解释。

特此通知。

上海市住房和城乡建设管理委员会
二〇二一年五月十三日

前　言

根据上海市住房和城乡建设管理委员会《关于印发〈2019 年上海市工程建设规范、建筑标准设计编制计划〉的通知》(沪建标定〔2018〕753 号)的要求,标准编制组经广泛的调查研究,开展专题研究,认真总结工程实践,参考国内外相关标准和规范,并在广泛征求意见的基础上,制定了本标准。

本标准共 8 章,主要内容包括:总则;术语;基本规定;施工质量控制;施工安全监督;驻厂监造;信息技术应用;资料管理等。

各单位及相关人员在执行过程中,注意总结经验,积累资料,如有修改意见或建议,可随时反馈至上海市住房和城乡建设管理委员会(地址:上海市大沽路 100 号;邮编:200003,E-mail:shjsbzgl@163.com),上海三凯工程咨询有限公司(地址:上海市共和路 169 号 12 楼;邮编:200070;E-mail:jzzx@sunkingpm.com.cn),上海市建筑建材业市场管理总站(地址:上海市小木桥路 683 号;邮编:200032,E-mail:shgcbz@163.com),以供今后修订时参考。

主编单位:上海三凯工程咨询有限公司
上海市建设工程安全质量监督总站
上海市建筑建材业市场管理总站

参编单位:上海建科工程咨询有限公司
上海市工程建设咨询监理有限公司
上海现代建筑设计集团工程建设咨询有限公司
上海建工四建集团有限公司
中建三局集团有限公司
宝业集团股份有限公司

上海兴邦建筑技术有限公司

上海良浦住宅工业有限公司

主要起草人：曹一峰　李　阳　金磊铭　郭少进　吴晓宇

　　　　　　陈卫伟　楼耿颖　王　宁　刘继跃　王　勇

　　　　　　李欣兰　徐耀东　王莉锋　汪小林　伍山雄

　　　　　　恽燕春　梁　静　徐佳彦　刘　强　赵　斌

　　　　　　樊向阳　周　磊　宋理志　王健夫　李　洋

主要审查人：杨卫东　兰守奇　李检保　栗　新　唐飞凤

　　　　　　席金虎　张文胜

上海市建筑建材业市场管理总站

目　次

Contents

1 总 则

1.0.1 为规范装配整体式混凝土结构工程监理行为,提高装配整体式混凝土结构工程监理水平,制定本标准。

1.0.2 本标准适用于新建、扩建、改建的装配整体式混凝土结构工程的监理活动。

1.0.3 本标准应与现行国家标准《建设工程监理规范》GB/T 50319 配套使用。

1.0.4 装配整体式混凝土结构工程监理,除应符合本标准外,尚应符合国家、行业和本市现行有关标准的规定。

2 术 语

2.0.1 装配整体式混凝土结构 assembled monolithic concrete structure

由预制混凝土构件通过可靠的方式进行连接并与现场后浇混凝土、水泥基灌浆料形成整体的装配式混凝土结构。

2.0.2 预制混凝土构件 precast concrete component

在工厂或现场预先制作的混凝土构件,简称预制构件。

2.0.3 预制混凝土夹心保温外墙板 precast concrete walls and sandwich facade panel

中间夹有保温材料的预制混凝土外墙板,简称夹心外墙板。

2.0.4 混凝土叠合受弯构件 concrete composite flexural component

预制混凝土梁、板顶部在现场后浇混凝土而形成的整体受弯构件,简称叠合板、叠合梁。

2.0.5 预制外挂墙板 precast concrete facade panel

安装在主体结构上,起围护、装饰作用的非承重预制混凝土外墙板,简称外挂墙板。

2.0.6 混凝土粗糙面 concrete rough surface

预制构件结合面上的凹凸不平或骨料显露的表面,简称粗糙面。

2.0.7 钢筋套筒灌浆连接 grout sleeve splicing of rebars

在金属套筒中插入单根带肋钢筋并注入灌浆料拌合物,通过拌合物硬化形成整体并实现传力的钢筋对接连接方式。

2.0.8 钢筋浆锚搭接连接 rebar lapping in grout-filled hole

在预制混凝土构件中预留孔道,在孔道中插入需搭接的钢筋,并灌注水泥基灌浆料而实现的钢筋搭接连接方式。

2.0.9 驻厂监造　supervision of in-plant manufacture

项目监理机构按照合同约定,在生产厂对预制构件生产过程进行的监督检查活动。

2.0.10 危险性较大的分部分项工程　risky sub-parts

房屋建筑和市政基础设施工程在施工过程中,容易导致人员群死群伤或者造成重大经济损失的分部分项工程,简称危大工程。

2.0.11 首段安装　erection of first section

在施工现场对代表性结构单元的预制构件进行首次安装的活动。

2.0.12 首件验收　acceptance of first precast component

同类预制构件批量生产前,对首个生产的预制构件进行的质量验收活动。

2.0.13 反打一次成型工艺　one-time forming technology of production in reverse position

带饰面外挂墙板采用平模工艺生产时,将外表面朝下,使外饰面和墙体一次浇筑成型的生产工艺。

3 基本规定

3.0.1 实施装配整体式混凝土结构工程监理前，监理单位应以书面形式与建设单位签订监理合同。当监理工作包含预制构件驻厂监造时，合同中应明确驻厂监造的工作范围、内容、服务期限和酬金。

3.0.2 项目监理机构应对装配整体式混凝土结构的材料、预制构件、安装、连接进行质量控制。

3.0.3 项目监理机构应根据相应的法律法规、工程建设强制性标准，在施工阶段履行建设工程监理施工安全监督职责，并应将施工安全监督的工作内容、方法和措施纳入监理规划或安全监督方案。

3.0.4 项目监理机构应按合同约定与装配整体式混凝土结构工程监理工作需要，配备检测设备和工器具。

3.0.5 监理规划应明确装配整体式混凝土结构工程监理工作制度、内容、程序、方法和措施。对专业性较强、危险性较大的分部分项工程，项目监理机构应编制监理实施细则。

3.0.6 监理实施细则应包括下列内容：

    1 装配整体式混凝土结构的设计要求和施工质量标准。

    2 材料与预制构件、安装与连接的施工质量控制监理措施。

    3 预制构件堆放、吊装、连接的施工安全监督监理措施。

    4 本市相关主管部门制定的装配整体式混凝土结构工程管理规定和技术要求。

3.0.7 装配整体式混凝土结构工程监理宜应用信息技术。

4 施工质量控制

4.1 一般规定

4.1.1 项目监理机构应组织监理人员熟悉装配整体式混凝土结构设计文件,包括下列内容:

1 装配整体式混凝土结构体系、技术工艺类别、构件类型、预制率与装配率。

2 预制构件布置、范围及连接方式,连接材料、接缝密封材料。

3 预制构件进场质量验收、堆放及成品保护要求。

4 设备管线(道)、预埋件、外饰面与预制构件的关系和处理原则,敷设方式及要求。

5 设备管线综合布置方式及要求。

6 防水、保温、隔声、防火、防腐的构造措施及质量控制要求。

7 预制构件安装、连接的质量控制要求。

8 预制构件安装注意事项、顺序说明、质量检测及验收要求。

4.1.2 项目监理机构应审查施工单位提交的施工方案。审查应包括下列内容:

1 材料与预制构件的质量控制标准与措施。

2 安装与连接的施工工艺、流程及质量控制标准与措施。

3 预制构件定位和安装测量控制措施。

4 接缝与预留孔洞防水施工要点,防水材料规格品种,施工过程质量控制及修补措施。

    5 运输与安装的机械选型、布置,吊索吊具的型式。

    6 成品保护措施。

4.1.3 对采用新技术、新材料、新工艺、新设备的专项施工方案,项目监理机构应要求施工单位组织专项论证。

4.1.4 项目监理机构应参加建设单位组织的首段安装验收,对验收中提出的整改问题,应督促施工单位及时整改。验收符合要求的,总监理工程师应在验收记录中签署意见。验收记录应按照本标准附录 A 中表 A.0.1 填写。

4.2 材料与预制构件

4.2.1 项目监理机构应审查进场材料的质量证明文件,检查外观质量、尺寸偏差,核查质量是否满足设计要求和施工合同约定,并按有关规定及监理合同约定进行见证取样、平行检验。

4.2.2 项目监理机构应审查进场预制构件的质量保证书(出厂合格证),灌浆套筒的外观质量、标识、尺寸偏差检验报告,钢筋套筒灌浆连接接头的试件工艺检验报告、型式检验报告、抗拉强度检验报告以及预埋吊件的拉拔试验报告。

4.2.3 项目监理机构应审查进场预制构件的出厂标识。出厂标识应包括生产单位名称、制作日期、品种、规格、编号、合格标识、工程名称、吊装点以及临时支撑点;编号可采用条形码、芯片等形式。

4.2.4 项目监理机构应对进场预制构件进行质量检查。质量检查应包括下列内容:

    1 预制构件的外观质量、尺寸偏差。

    2 预埋件、预留孔洞的尺寸偏差。

    3 预留钢筋的规格、数量、位置和尺寸偏差。

    4 预制构件饰面板(砖)的尺寸偏差。

    5 预埋门框、窗框的位置和尺寸偏差。

4.2.5 项目监理机构应审查进场预制构件的结构性能检验报告或实体检验报告。预制构件结构性能检验应符合现行国家标准《混凝土结构工程施工质量验收规范》GB 50204 和《装配式混凝土建筑技术标准》GB/T 51231 的有关规定。

4.2.6 预制构件的进场检验应符合现行国家标准《混凝土结构工程施工质量验收规范》GB 50204 和现行上海市工程建设规范《装配整体式混凝土结构预制构件制作与质量检验规程》DGJ 08—2069 的有关规定。

4.2.7 焊缝连接、紧固件连接采用材料的进场检验应符合现行国家标准《钢结构工程质量验收标准》GB 50205 的有关规定。

4.2.8 预制构件的饰面质量应符合设计要求,并应符合现行国家标准《建筑装饰装修工程施工质量验收标准》GB 50210 的有关规定。陶瓷类装饰面砖与构件基面的粘结强度应符合现行行业标准《建筑工程饰面砖粘结强度检验标准》JGJ 110 和《外墙面砖工程施工及验收规范》JGJ 126 的规定。

4.2.9 无驻厂监造时,项目监理机构还应审查预制构件中混凝土原材料、钢筋、预应力筋、连接件、预埋件、吊具、保温材料、面砖和石材、门框窗框等材料与构配件的质量证明文件。

4.2.10 对已进场经检验不合格的工程材料、预制构件,应要求施工单位限期将其撤出施工现场。

4.3 预制构件安装与连接

4.3.1 项目监理机构应审查施工单位焊接、吊装等特种作业人员和钢筋套筒灌浆、接缝防水等关键工序施工人员的资格。

4.3.2 预制构件安装前,项目监理机构应对施工单位报送的施工测量成果进行查验。施工测量成果查验应包括下列内容:

    1 预制墙板内侧设置的竖向与水平安装控制线。

    2 设备安装位置、预留洞口位置。

3 连接处楼面标高、预埋件的型号和位置。

4.3.3 预制构件安装前,项目监理机构应对现场制作的检验试件进行见证,并应符合下列规定:

1 见证试件应包括钢筋焊接接头检验试件、钢筋套筒灌浆连接接头工艺检验试件、抗拉强度检验试件。

2 当更换钢筋生产企业,或钢筋外形尺寸、套筒规格、灌浆料型号与已完成的检验有差异,或钢材类型、焊接工艺调整时,应要求施工单位再次检验。

3 钢筋套筒灌浆连接接头的型式检验和现场检验应按现行行业标准《钢筋套筒灌浆连接应用技术规程》JGJ 355 的有关规定执行。

4.3.4 预制构件安装前,项目监理机构应核查已施工完成结构的混凝土强度试验报告、接头和拼缝处后浇混凝土强度试验报告是否符合现行有关标准的规定以及设计文件的要求。

4.3.5 项目监理机构应安排监理人员巡视预制构件安装、连接顺序是否符合设计文件和施工方案的要求。

4.3.6 项目监理机构应核查钢筋套筒灌浆连接前的准备工作、实施条件、安全措施,核查合格后,应由总监理工程师签发灌浆令。核查应包括下列内容:

1 预埋套筒、预留孔洞、预留连接钢筋的位置。

2 套筒内钢筋连接长度及位置、坐浆料强度、接缝分仓、分仓材料性能、接缝封堵方式、封堵材料性能、灌浆腔连通情况。

3 钢筋套筒灌浆时环境温度和保温措施。

4 灌浆料和水的计量器具、灌浆料拌合物的流动度检测工具的配置。

4.3.7 灌浆令应按本标准附录 A 中表 A.0.2 的要求填写。

4.3.8 项目监理机构应对钢筋套筒灌浆连接、钢筋浆锚搭接连接施工进行旁站,应监督施工单位质量人员进行全过程视频拍摄并留存。视频内容应包含灌浆施工人员、施工单位质量员、监理员、灌浆部位、预制构件编号、套筒顺序编号、灌浆出浆情况等。

4.3.9 项目监理机构应对施工单位报验的隐蔽工程进行验收,对合格的予以签认;对不合格的,应要求施工单位在指定的时间内整改并重新报验。隐蔽工程验收应包括下列内容:

    1 现浇混凝土施工前预制构件粗糙面的质量、键槽的尺寸、数量及位置。

    2 灌浆施工前预埋套筒的位置、规格、数量,预埋连接钢筋的位置、规格、数量、长度,套筒注浆孔和出浆孔的通畅性、连通腔的内部通畅性与四周的密封性。

    3 叠合板、叠合梁中预埋件和预埋管线的规格、数量、位置、标高。

    4 外墙防渗漏节点构造。

    5 外墙保温节点构造。

4.3.10 项目监理机构应督促施工单位落实打胶令制度。对外墙接缝采用密封胶防水时,应核查打胶前的准备工作、实施条件、安全措施,检查合格后,应由总监理工程师签发打胶令。打胶令应按本标准附录 A 中表 A.0.3 的要求填写。

4.3.11 项目监理机构应对外墙接缝施工质量进行验收,并在外墙接缝淋水试验质量验收表上签署验收意见。外墙接缝淋水试验质量验收表应按本标准附录 A 中表 A.0.4 的要求填写。淋水试验存在渗漏现象时,应督促施工单位对渗漏部位进行修补,并对渗漏部位重新进行淋水试验。现场淋水试验的水压、喷淋时间等重要参数应符合上海市工程建设规范《装配整体式混凝土建筑检测技术标准》DG/TJ 08—2252 的规定。

4.3.12 预制构件在安装过程中需要返工处理或加固补强的,项目监理机构应要求施工单位报送经原设计单位、建设单位认可的处理方案,并对处理过程进行跟踪检查与记录,同时应对处理结果进行验收。

4.4 施工质量验收

4.4.1 装配整体式混凝土结构的验收应符合下列规定：

1 装配整体式混凝土结构应按混凝土结构子分部工程进行验收；当结构中部分采用现浇混凝土结构时，装配整体式混凝土结构部分可作为混凝土结构子分部工程的分项工程进行验收。

2 应符合现行国家标准《建筑工程施工质量验收统一标准》GB 50300、《混凝土结构工程施工质量验收规范》GB 50204、《装配式混凝土建筑技术标准》GB/T 51231 和现行上海市工程建设规范《装配整体式混凝土结构施工及质量验收规范》DGJ 08—2117 及相关标准的规定。

3 当现行标准对工程中的验收项目未作具体规定时，应由建设单位组织设计、施工、监理等相关单位制定验收要求。

4.4.2 装配整体式混凝土结构在安装施工与验收阶段需要进行现场质量检测的，检测方法宜按现行上海市工程建设规范《装配整体式混凝土建筑检测技术标准》DG/TJ 08—2252 的有关规定执行。

4.4.3 装配整体式混凝土结构验收时，项目监理机构应核查施工单位提交的质量控制资料。质量控制资料应包括下列内容：

1 工程设计文件、预制构件安装施工图和制作详图。

2 预制构件、主要材料及构配件的质量证明文件、进场验收记录、抽样复验报告。

3 预制构件安装施工记录。

4 钢筋套筒灌浆、钢筋浆锚搭接连接的施工检验记录。

5 钢筋焊接、机械连接施工记录及平行加工试件的强度试验报告。

6 后浇混凝土部位的隐蔽工程验收文件。

7 后浇混凝土、灌浆料、坐浆材料强度检测报告及评定记录。

8 外墙接缝淋水试验质量验收表。

9 分项工程质量验收文件。

10 重大质量问题的处理方案和验收记录。

4.4.4 《工程质量评估报告》中应包括下列内容：

1 预制构件进场验收情况。

2 首段安装验收情况。

3 预制构件连接验收情况。

4 含预制构件驻厂监造的,还应包含监造情况。

5 施工安全监督

5.0.1 装配整体式混凝土结构工程监理施工安全监督应符合现行上海市工程建设规范《建设工程监理施工安全监督规程》DG/TJ 08—2035 的有关规定。

5.0.2 项目监理机构应组织监理人员熟悉装配整体式混凝土结构设计图纸中重大风险的专项要求、危大工程的重点部位和环节。

5.0.3 项目监理机构应审查施工单位报审的专项施工方案,符合要求的,应由总监理工程师签认后报建设单位。专项施工方案审查应包括下列内容:

    1 预制构件堆放及吊装。包括:现场装卸、堆放及驳运、吊装方式和路线;构件堆场的承载力计算;吊装设备选型,吊具设计;构件吊点、塔吊及施工升降机附墙点等设计。

    2 高处作业的安全防护。包括:因临边安装构件、连接节点现浇混凝土及成品保护修补所采取的防护措施以及交叉作业安全防护等。

    3 专用操作平台、脚手架、垂直爬梯、吊篮等设施,及其附着设施。

    4 构件安装的临时支撑体系。

    5 堆场加固、构件堆放架体、构件吊点、施工设施设备附墙、附着设施等涉及工程结构安全的方案应经设计单位核定。

5.0.4 对于超过一定规模的危大工程,施工单位应当组织召开专家论证会对专项施工方案进行论证,并出具论证报告。专家论证前专项施工方案应当通过施工单位审核和专业监理工程师审查、总监理工程师审核。因规划调整、设计变更等原因确需调整的,修改后的专项施工方案应当重新履行审查和专家论证程序。

5.0.5 预制构件进场前,项目监理机构应检查预制构件专用堆场的准备情况。预制构件专用堆场应符合下列规定:

1 堆放区域的设置与施工方案相符合。

2 堆场、货架、高处作业专用操作平台、脚手架与吊篮等辅助设施、临时支撑系统应验收通过并挂牌。

3 结构楼板作为运输道路或构件堆放场地时,加固措施已按施工方案完成。

5.0.6 预制构件进场时,项目监理机构应核查预制构件吊点、施工设施设备附着点的隐蔽工程验收记录、外观质量与标识。

5.0.7 项目监理机构应核查施工单位预制构件安装前的安全保障措施。安全保障措施应包括下列内容:

1 施工方案审批手续已完善。

2 吊装工人的特种作业岗位证书有效、齐全。

3 施工单位安全技术交底、人员安全教育已完成。

4 预制构件支撑架已验收合格。

5 危大工程现场公告和危险区域设置安全警示标志已完成。

6 吊装令制度已执行,吊装令应按本标准附录 A 中表 A.0.5 的要求填写。

5.0.8 项目监理机构应对预制构件吊装实施专项巡视,抽查施工单位人员登记、带班、现场监督巡视情况,形成监理专报。专项巡视应包括下列内容:

1 安装方式、顺序、临时措施、临时支撑系统与设计要求和施工方案是否一致。

2 高处作业安全防护措施、临边防护措施与施工方案是否一致。

3 起重设备型号、规格、参数与施工方案报审记录是否一致;安装起重设备、吊具、吊索、吊装带、吊钩、卸扣等检查验收记录是否齐全有效。

4 预制构件的临时固定、防侧移、倾倒、坠落措施与施工方案是否一致。

5 危大工程验收合格后,施工单位应当在施工现场明显位置设置验收标识牌,公示验收时间及责任人员。

5.0.9 预制构件临时支撑拆除前,项目监理机构应检查预制构件的连接方式、连接材料强度、临时支撑拆除条件是否符合相关标准的规定、设计文件和施工方案的要求。临时支撑拆除前,现浇混凝土和灌浆料强度应符合下列规定:

1 预制柱的临时支撑,应在套筒连接器内的灌浆料强度达到 35 MPa 后拆除。预制墙板的临时斜撑和限位装置应在连接部位现浇混凝土或灌浆料强度达到设计要求后拆除。

2 当设计无具体要求时,现浇混凝土和灌浆料应达到设计强度的 75％以上方可拆除。

3 竖向连续支撑层数不宜少于 2 层且上下对准。

4 临时支撑的拆除应符合设计图纸和施工方案,严禁提前拆除临时支撑杆件。

5.0.10 项目监理机构应建立危大工程安全管理档案,并将监理实施细则、专项施工方案审查、专项巡视检查、验收及整改等相关资料纳入档案管理。

6 驻厂监造

6.1 一般规定

6.1.1 预制构件质量控制应符合现行上海市工程建设规范《装配整体式混凝土结构预制构件制作与质量检验规程》DGJ 08—2069 的有关规定。

6.1.2 监理规划中预制构件驻厂监造内容应独立成章。

6.1.3 项目监理机构应在预制构件生产制作前编制驻厂监造实施细则。实施细则应包括预制构件类型、工作流程、工作要点、工作方法及措施。工作流程与工作要点应符合下列规定：

    1 工作流程应包括原材料质量控制、不合格品处理、出厂验收流程等。

    2 工作要点应包括图纸审查、材料检验、制作质量控制、出厂验收、监理资料管理等方面。

6.1.4 监理人员应熟悉深化设计图纸的下列内容：

    1 预制构件模板图、配筋图、预埋吊具及埋件的细部构造详图。

    2 饰面砖、饰面板或装饰造型衬模的排版。

    3 夹心外墙板的连接件布置图、保温板排版图。

    4 设备、管线安装预留洞口的相关参数。

6.1.5 监理人员应履行下列职责：

    1 审查预制构件制作方案及首件验收制度。

    2 审查预制预应力构件的生产方案。

    3 检查生产企业试验室仪器设备计量检定证明、人员资格证书、管理制度。

4 组织召开质量专题会议。

6.1.6 监理人员应参加生产厂技术负责人组织的预制构件首件验收,验收合格后,方可进行批量生产。当主要材料、工艺、生产环境发生重大调整时,应重新组织首件验收。首件验收的预制构件类型选择应符合下列规定:

1 设计有明确要求的。

2 标准层同类型主要受力构件。

3 转换层异形构件。

4 建设单位、行业主管部门有明确要求的。

6.2 材 料

6.2.1 项目监理机构应审查用于生产的混凝土原材料、钢筋、预应力筋、连接件、预埋件、吊具、保温材料、面砖和石材、门框窗框等材料与构配件的质量证明文件,核查质量是否满足设计要求和合同约定。进厂材料检验应符合下列规定:

1 技术性能应符合现行国家标准《装配式混凝土建筑技术标准》GB/T 51231 的规定。

2 预埋吊件外观尺寸、材料性能、抗拉拔性能应符合现行设计的要求及国际现行相关标准的规定。

3 连接件的外观尺寸、材料性能、力学性能应符合现行国家标准《装配式混凝土建筑技术标准》GB/T 51231 和现行行业标准《预制混凝土外挂墙板应用技术标准》JGJ/T 458 的规定。

4 灌浆套筒和灌浆料性能应符合现行行业标准《钢筋套筒灌浆连接应用技术规程》JGJ 355、《钢筋连接用灌浆套筒》JG/T 398、《钢筋连接用套筒灌浆料》JG/T 408 的规定。

5 钢筋浆锚搭接连接用的镀锌金属波纹管的外观质量、径向刚度、抗渗漏等性能应符合现行行业标准《预应力混凝土用金属波纹管》JG/T 225 的规定。

6.2.2 项目监理机构应建立材料台账、试验台账及不合格品处理台账。

6.3 制 作

6.3.1 监理人员应审查生产厂的模具方案,进行模具验收。验收内容应包括模具的形状、尺寸、平整度、整体稳定性以及预留孔洞、插筋与预埋件的定位措施。模具验收应符合现行国家标准《装配式混凝土建筑技术标准》GB/T 51231 和现行行业标准《装配式混凝土结构技术规程》JGJ 1 的规定。

6.3.2 监理人员应在预制构件制作前,对生产厂进行的钢筋套筒灌浆连接接头的抗拉强度试验进行见证,并应审核试验结果。

6.3.3 监理人员应审查带饰面板(砖)构件的排板(砖)图;对夹心外墙板,应审查连接件布置图及保温板排板图。

6.3.4 监理人员对预制构件制作的巡视应包括下列内容:

1 是否按设计文件、工程建设标准和批准的制作方案进行生产。

2 使用的材料、构配件是否合格。

3 生产设备是否正常。

4 质量管理人员是否到位,特种作业人员是否持证上岗。

5 预制构件堆放、标识、成品保护措施是否与方案一致。

6.3.5 监理人员应对制作过程中的模具拼装、钢筋制作、预埋件设置、门框窗框设置、保温材料设置、外墙石材(面砖)设置、混凝土浇筑与养护、脱模等工序进行检查。检查应符合下列规定:

1 连接件锚固深度、数量、定位符合设计计算要求,保证夹心外墙板的内外叶板形成安全可靠的连接。

2 预埋门框窗框的外观尺寸、平整度、数量、定位及偏差符合设计计算要求。

3 混凝土养护措施符合规范和制作方案。

4 混凝土强度符合脱模、运输、吊装条件。

6.3.6 监理人员应参加预制构件生产的隐蔽工程验收,审查隐蔽工程验收资料。隐蔽工程验收应包括下列内容:

1 钢筋牌号、规格、数量、位置、间距。

2 纵向受力钢筋的连接方式、接头位置、接头数量、接头面积百分率、搭接长度。

3 箍筋弯钩的弯折角度及平直段长度。

4 预埋件、预埋吊件、预埋钢筋的规格、数量、位置。

5 灌浆套筒、预留孔洞的规格、数量、位置。

6 钢筋的混凝土保护层厚度。

7 夹心外墙板的保温层位置、厚度,连接件的规格、数量、位置。

8 预埋管线(盒)的规格、数量、位置及固定措施。

9 反打一次成型工艺预制构件的面砖、石材位置、不锈钢卡钩安装、隔离层涂刷、防位移措施。

6.3.7 项目监理机构发现生产存在质量问题的,或未按批准的制作方案进行生产的,应及时签发监理通知单。

6.4 质量验收

6.4.1 预制构件成品的质量检验应符合现行上海市工程建设规范《装配整体式混凝土结构预制构件制作与质量检验规程》DGJ 08—2069 的规定和设计要求。

6.4.2 采用反打一次成型工艺的预制构件,质量检验应符合现行行业标准《装配式混凝土结构技术规程》JGJ 1 的有关规定和设计要求。

6.4.3 项目监理机构应参加预制构件的出厂验收,提出验收意见。预制构件出厂验收应符合下列规定:

1 质量合格证书及相关质量证明文件齐全。

2 标识应满足唯一性和可追溯性。

3 几何尺寸、外观质量、预留预埋等符合设计及相关规范要求。

6.4.4 预制构件生产完成并全部验收合格后,项目监理机构应编写驻厂监造工作报告,并经总监理工程师审核签字后报建设单位。驻厂监造工作报告应包括下列内容:

1 预制构件的生产情况。

2 驻厂监造工作情况。

3 驻厂监造工作中发现的问题及处理情况。

6.4.5 预制构件驻厂监造文件资料应包括下列内容:

1 建设工程监理合同。

2 设计洽商、变更文件。

3 原材料检验报告。

4 预制构件检验资料。

5 首件验收记录。

6 监理通知单与工作联系单。

7 质量事故分析和处理资料。

8 会议纪要。

9 来往函件。

10 驻厂监造监理日志。

11 预制构件驻厂监造工作报告。

12 其他与预制构件生产质量有关的重要资料。

6.4.6 项目监理机构应对驻厂监造文件资料及时收集并独立成册。

7 信息技术应用

7.0.1 对应用物联网技术的装配整体式混凝土结构工程,项目监理机构应参与信息管理方案的评审,并提出评审意见。

7.0.2 项目监理机构应根据监理合同约定,配合参建方的建筑信息模型技术应用。

7.0.3 项目监理机构宜应用无线射频识别(RFID)、无人机、激光扫描、二维码、全景照(摄)像等信息技术开展监理工作。

7.0.4 项目监理机构可参与竣工建筑信息模型的验收,审查竣工建筑信息模型与工程实体的一致性,审核竣工建筑信息模型是否满足合同要求及现行有关标准的规定。

7.0.5 建筑信息模型技术应用的具体内容和深度要求可按照现行上海市工程建设规范《建筑信息模型应用标准》DG/TJ 08—2201 的相关规定执行。

8 资料管理

8.0.1 装配整体式混凝土结构的监理文件资料除常规资料外,还应包括下列内容:

   1 装配整体式混凝土结构监理实施细则。

   2 施工方案报审文件资料。

   3 预制构件安装进度计划报审文件资料。

   4 生产厂、施工单位报验资料。

   5 人员资格类监理审核文件。

   6 进场(厂)材料、构配件及预制构件报验文件资料。

   7 预制构件安装质量检查报验资料。

   8 灌浆令、打胶令监理审批文件。

   9 首段安装验收记录。

   10 钢筋套筒灌浆旁站记录。

   11 含驻厂监造的,应包含相关驻厂监造文件资料。

   12 其他。

8.0.2 装配整体式混凝土结构的监理文件资料归档与保存期限按国家和本市相关规定执行。

附录 A 相关表式

A.0.1 首段安装验收记录应按表 A.0.1 的要求填写。

表 A.0.1 首段安装验收记录

工程名称		
验收部位		
验收内容		
验收方式		
验收记录		
验 收 意 见	建设单位： 年 月 日	设计单位： 年 月 日
	监理单位： 年 月 日	施工单位： 年 月 日
	生产单位： 年 月 日	

注:具体验收部位应写明预制构件拟安装使用部位;验收内容与验收方式应根据实际情况填写。

A.0.2 灌浆令应按表 A.0.2 的要求填写。

表 A.0.2 灌浆令

工程名称				
灌浆施工单位				
灌浆施工部位				
灌浆施工时间	自　年　月　日　时至　年　月　日　时止			
灌浆施工人员	姓名	考核编号	姓名	考核编号
工作界面完成情况	界面检查	套筒内杂物、垃圾是否清理干净　是□否□		
		灌浆孔、出浆孔是否完好、整洁　是□否□		
	连接钢筋	钢筋表面是否整洁、无锈蚀　是□否□		
		钢筋的位置及长度是否符合要求　是□否□		
	分仓及封堵	封堵材料：封堵是否密实　是□否□		
		分仓材料：是否按要求分仓　是□否□		
	通气检查	是否畅通　是□否□ 不畅通预制构件编号及套筒编号：		
灌浆准备工作完成情况	设备	设备配置是否满足灌浆施工要求　是□否□		
	人员	是否通过考核　是□否□		
	材料	灌浆料品牌：检验是否合格　是□否□		
	环境	温度是否符合灌浆施工要求　是□否□		
审批意见	上述条件是否满足灌浆施工条件， 同意灌浆□　　　　　　　　不同意，整改后重新申请□			
	施工单位	项目负责人 年　月　日		
	监理单位	总监理工程师 年　月　日		

注：本表由施工单位质量员填写。　　　　质量员：　　　　日期：

A.0.3 打胶令应按表 A.0.3 的要求填写。

表 A.0.3 打胶令

工程名称				
施工部位				
天气情况		气候温度		
接缝类型	水平缝□、竖向缝□、空腔缝□、密封缝□、企口缝□、平口缝□、高低缝□			
施工时间	年 月 日 时			
打胶施工人员		姓名	考核编号	
准备工作	设备	设备工具是否满足施工要求　是□否□		
	材料	防水主材是否符合要求　是□否□		
	环境	环境温度是否满足施工要求　是□否□		
	衬垫辅材	衬垫辅材是否满足施工要求　是□否□		
界面条件	基面	接缝基面是否棱角平直、表面清洁　是□否□		
	接缝	接缝填胶宽度和深度是否满足施工要求　是□否□		
涂刷底涂	设备	底涂材料是否在有效期内　是□否□		
	人员	接缝基面是否涂刷均匀　是□否□		
	材料	涂刷深度是否满足打胶深度　是□否□		
审批意见	同意打胶施工□　　　　不同意，整改后重新申请□			
	施工单位　　　　　项目负责人　　　　　年 月 日			
	监理单位　　　　　总监理工程师　　　　　年 月 日			

注:本表由施工单位质量员填写。　　　　　质量员:　　　　日期:

A.0.4 外墙接缝淋水试验质量验收应按表 A.0.4 的要求填写。

表 A.0.4 外墙接缝淋水试验质量验收表

工程名称			
试验部位			
试验日期			
试验水压	kPa		
淋水持续时间	min		
试验结果	无渗漏□	稍有渗漏□	严重渗漏□
试验操作人			
施工单位 检查意见			
监理单位 验收意见			
修补部位			
验收意见	施工单位 项目负责人 年　月　日		
	监理单位 总监理工程师 年　月　日		

A.0.5 吊装令为施工单位用表,应按表 A.0.5 的要求填写。

表 A.0.5　吊装令

工程名称						
吊装作业单位			吊装作业地点			
吊装方式		吊装作业内容		负责人		监护人
吊装作业期限: 自 年 月 日 时起至 年 月 日 时止				吊装作业人员名单及操作证号		
安全措施: 　吊索具和牵引绳有允许使用的识别标志; 　作业时封闭设置,专人监护; 　临时固定措施按施工方案设置,安全可靠; 　吊装按作业面配备上下指挥; 　安装点的安全防护措施或安全警示标志按规范和方案要求设置; 　建筑起重机械信号司索及司机、高处作业等持证上岗; 　安装作业人员按规定佩戴使用安全带、防坠器等劳防用品; 　生命绳和安全带固定点设置,有验收挂牌或允许使用的识别标志。 其他措施:				1		
				2		
				3		
				4		
				5		
				6		
				7		
申办人		施工单位技术负责人		签发人	签发日期	年　月　日

本标准用词说明

1　为便于在执行本标准条文时区别对待,对要求严格程度不同的用词说明如下:

1)表示很严格,非这样做不可的用词:

正面词采用"必须";

反面词采用"严禁"。

2)表示严格,在正常情况下均应这样做的用词:

正面词采用"应";

反面词采用"不应"或"不得"。

3)表示允许稍有选择,在条件许可时首先应这样做的用词:

正面词采用"宜";

反面词用采用"不宜"。

4)表示有选择,在一定条件下可以这样做的用词,采用"可"。

2　条文中指明应按其他有关标准执行的写法为"应符合……的规定"或"应按……执行。"

引用标准名录

1 《混凝土结构工程施工质量验收规范》GB 50204

2 《钢结构工程施工质量验收标准》GB 50205

3 《建筑装饰装修工程施工质量验收标准》GB 50210

4 《建筑工程施工质量验收统一标准》GB 50300

5 《装配式混凝土建筑技术标准》GB/T 5123

6 《预应力混凝土用金属波纹管》JG/T 225

7 《钢筋连接用灌浆套筒》JG/T 398

8 《钢筋连接用套筒灌浆料》JG/T 408

9 《装配式混凝土结构技术规程》JGJ 1

10 《建筑工程饰面砖粘结强度检验标准》JGJ 110

11 《外墙面砖工程施工及验收规范》JGJ 126

12 《钢筋灌浆套筒连接应用技术规程》JGJ 355

13 《预制混凝土外挂墙板应用技术标准》JGJ/T 458

14 《装配整体式混凝土结构预制构件制作与质量检验规程》DGJ 08—2069

15 《装配整体式混凝土结构施工及质量验收规范》DGJ 08—2117

16 《装配整体式混凝土建筑检测技术标准》DG/TJ 08—2252

17 《建筑信息模型应用标准》DG/TJ 08—2201

上海市工程建设规范

装配整体式混凝土结构工程监理标准

DG/TJ 08—2360—2021
J 15831—2021

条 文 说 明

2021　上海

目　　次

Contents

1 总 则

1.0.1 《国务院办公厅关于大力发展装配式建筑的指导意见》(国发办〔2016〕71号)和《国务院办公厅关于促进建筑业持续健康发展的意见》(国发办〔2017〕19号)对装配式的发展作出了规划与指导意见,《"十三五"装配式建筑行动方案》《装配式建筑示范城市管理办法》《装配式建筑产业基地管理办法》等发文明确了装配式建筑的发展目标与任务。《关于印发〈关于进一步强化绿色建筑发展推进力度提升建筑性能的若干规定〉的通知》(沪建管联〔2015〕417号)等上海市相关政策文件进一步明确了上海市装配式建筑工程的试点范围及要求。本标准的编制通过总结上海市装配整体式混凝土结构工程监理经验,更好地指导上海市装配整体式混凝土结构工程监理工作。

1.0.3 本标准只针对装配整体式混凝土结构工程特点下的监理要点作出规定。装配整体式混凝土结构工程监理的通用工作标准仍应符合现行国家标准《建设工程监理规范》GB/T 50319的规定,本标准中未作过多引用。

1.0.4 本条阐述本标准与其他现行有关标准的关系。本标准主要制定了装配整体式混凝土结构工程监理的重点及特殊要求。在监理过程中,应遵守国家和本市其他相关标准。对装配整体式混凝土结构工程监理的要求,当国家和本市相关标准中没有规定或规定不明确时,可按本标准规定执行。

2 术 语

2.0.9 驻厂监造是对预制构件生产制作质量进行监督管理的形式之一。驻厂监造的工作范围、工作内容和工作标准应按监理合同约定实施。

2.0.10 《住房城乡建设部关于实施〈危险性较大的分部分项工程安全管理规定〉有关问题的通知》(建办质〔2018〕31号)对危大工程的定义、分类及要求作出了明确的规定。装配式建筑工程中危大工程的管理要求应符合《上海市建设工程危险性较大的分部分项工程安全管理实施细则》(沪住建规范〔2019〕6号)及《装配整体式混凝土结构工程施工安全管理规定》(沪建质安〔2017〕129号)的文件要求。

3 基本规定

3.0.1 建设工程监理合同是工程监理单位实施工程监理与相关服务的主要依据之一。

根据建设单位委托,工程监理工作内容可包含或单独包含预制构件驻厂监造。当监理工作内容包含预制构件驻厂监造时,驻厂监造的工作范围、内容、服务期限和酬金,双方的权利、义务、违约责任等应在监理合同中单独列出或通过单独签订驻厂监造服务合同加以明确,并作为工程监理的依据。

3.0.2 项目监理机构对装配整体式混凝土结构预制构件连接质量的控制应把外墙接缝防水处理作为重点工作之一。

3.0.3 项目监理机构应按照现行上海市工程建设规范《建设工程监理施工安全监督规程》DG/TJ 08—2035 的有关规定执行,并按照有关法律法规、工程建设强制性标准,在施工阶段进行建设工程安全监督工作,履行相应职责。安全生产监督管理工作应包括安全生产监督管理的策划、实施、资料管理等,并涵盖施工准备阶段、实施阶段及验收阶段。

3.0.4 根据装配整体式混凝土结构工程监理工作需要,项目监理机构配备的检测设备和工器具包括涂层厚度仪、激光扫平仪、激光测距仪、游标卡尺、千分尺、角度尺、靠尺、钢卷尺、温湿度仪、螺纹通规、止规、环规、电阻测试仪、万用表、扭矩扳手、测绳、测深尺、透明多孔基准板等。

3.0.6 监理实施细则的编制应紧密围绕装配整体式混凝土结构工艺特点等内容开展。针对施工单位单独编制的专项施工方案,项目监理机构应单独编制对应的监理实施细则。如预制构件的安装、灌浆及防水施工应在专项施工方案的基础上编制专项监理实施细则。

3.0.7 项目监理机构宜在工程监理工作中采取信息技术,提高监理服务质量和效率。项目监理机构还应根据工程监理合同的约定,协助建设单位进行信息技术应用,促进参建单位开展信息技术应用。

4 施工质量控制

4.1 一般规定

4.1.1 监理人员熟悉工程设计文件是项目监理机构实施事前控制的一项重要工作,其目的是通过熟悉工程设计文件,了解工程设计特点、工程关键部位的质量要求,便于项目监理机构按工程设计文件的要求实施监理。本条对监理人员应当熟悉的设计意图和图纸内容作出约定:

1 预制率与装配率可参照相关规范及《上海市装配式建筑单体预制率和装配率计算细则》(沪建建材〔2019〕765号)文件的规定执行。

3 除设计文件外,监理人员还应熟悉相关规范及《关于进一步加强本市装配整体式混凝土结构工程质量管理的若干规定》(沪建质安〔2017〕241号)及《上海市装配整体式混凝土建筑防水技术质量管理导则》(沪建质安〔2020〕20号)的规定。

4~6 具体包括:电气预埋箱、盒子及管线等与预制构件的关系及处理原则、具体位置、敷设方式及要求;给排水管道、管件及附件是否设置在预制板内或装饰墙面内;给排水专业在预制构件中预留孔洞、沟槽、预埋套管、管道布置的设计原则;装配式管材材质及接口方式,预留孔洞、沟槽做法,预埋套管、管道安装方式;暖通管道、风口及附件等的设置与预制构件的关系及处理原则;夹心外墙板内外层板间连接件连接构造;预制外墙外饰面做法以及外立面材料采用反打工艺时的饰面材料排布方式。

8 预制构件安装注意事项、顺序说明、质量检测与验收要求包括吊装、临时支撑要求、施工荷载、预制构件安装阶段的强度和裂缝验算要求。

4.1.2 本条强调了装配整体式混凝土结构工程施工中，项目监理机构应审查施工方案中有关质量控制的关键内容。项目监理机构对施工单位提交的(专项)施工方案的审查内容，除应符合本条规定外，还应满足常规审查要求。施工方案应包括必需的安全保障措施，也可单独在安全施工方案中体现。危大工程应按照相关管理规定，进行专项施工方案编制、审批。

    5 安装设备的选型应满足最不利工况下最大吊装荷载要求。同时，应明确预制构件吊装时吊索具固定方法。

4.1.4 建设单位应组织设计、施工、监理、生产厂进行首段安装验收。装配整体式混凝土结构首段安装过程和方法应经参加验收单位和验收人员共同确认。首段安装应考虑以下方面：

    1 选择一个具有代表性的单元进行预制构件安装。

    2 选择预制构件比较全、难度大的单元进行安装。

    3 试安装的预制构件，要求生产厂先行安排生产。

    4 在现场具备作业面的情况下，应尽快组织试安装，并将试安装发现的问题及时进行整改完善。

    首段安装验收记录应详细记录验收的内容(如钢筋套筒灌浆、临时支撑设置、防水措施、预留预埋情况)，并详细记录验收的方式(如核查套筒抗拉实验报告及灌浆料检测报告，观察灌浆是否饱满，核查支撑设置是否符合要求，核查防水节点是否符合要求等)。验收内容与验收方式应根据实际情况进行填写。参与验收各方填写验收意见。

4.2 材料与预制构件

4.2.1 进场材料主要包括连接钢材与钢筋、焊接材料、连接螺栓、灌浆料、灌浆套筒、分仓材料、封堵材料、坐浆料、防水/防火/防腐/

保温/隔声材料,以及门窗、保温材料、连接件、预埋管线、预埋件等。

4.2.5 混凝土预制构件专业企业生产的预制构件进场时,预制构件结构性能检验应符合下列规定:

1 梁板类简支受弯预制构件进场时应进行结构性能检验,并应符合下列规定:

1)结构性能检验应符合国家现行相关标准的有关规定及设计的要求,检验要求和试验方法应符合现行国家标准《混凝土结构工程施工质量验收规范》GB 50204 附录 B 的规定。

2)钢筋混凝土构件和允许出现裂缝的预应力混凝土构件应进行承载力、挠度和裂缝宽度检验,不允许出现裂缝的预应力混凝土构件应进行承载力、挠度和抗裂检验。

3)对大型构件及有可靠应用经验的构件,可只进行裂缝宽度、抗裂和挠度检验。

4)对使用数量较少的构件,当能提供可靠依据时,可不进行结构性能检验。

5)对多个工程共同使用的同类型预制构件,结构性能检验可共同委托,其结果对多个工程共同有效。

2 对于不可单独使用的叠合板预制底板,可不进行结构性能检验。对叠合梁构件,是否进行结构性能检验、结构性能检验的方式应根据设计要求确定。

3 对本标准第 4.2.5 条第 1、2 款之外的其他预制构件,除设计有专门要求外,进场时可不做结构性能检验。

4 对进场时不做结构性能检验的预制构件,应采取下列措施:

1)施工单位或监理单位代表应驻厂监督制作过程。

2)当无驻厂监督时,预制构件进场时应对预制构件主要受力钢筋数量、规格、间距及混凝土强度等进行实体检验。

4.2.9 预制构件采用的材料与构配件的质量合格证明,有驻厂监造时,应在出厂验收记录、出厂合格证等质量证明文件中体现;无驻厂监造的,可按批次提供材料与构配件的相关质量合格证明文件。

4.3 预制构件安装与连接

4.3.1 本条强调了项目监理机构对关键工序施工人员能力的审查内容。人员资格包括特种作业人员的资格证书,以及经相关机构认可的培训证书、考试(核)证书(记录)等,如灌浆施工人员培训考核编号、接缝防水施工人员培训考核编号。

4.3.3 预制构件安装前,施工单位应对进场钢筋进行接头工艺检验。现场使用的产品应与钢筋套筒灌浆连接型式检验报告中的接头类型,灌浆套筒规格、级别、尺寸,灌浆料型号一致。

监理人员应重点检查抗拉强度试验是否符合现行行业标准《钢筋套筒灌浆连接应用技术规程》JGJ 355 的有关规定:

1 同批号、同一类型、同一规格的灌浆套筒,不超过 1 000 个为一批,每批随机抽取 3 个制作对中连接接头试件。

2 灌浆施工前,应对不同钢筋生产企业的进场钢筋均应进行接头工艺检验;施工过程中,当更换钢筋生产企业,或同一生产企业生产的钢筋外形尺寸与已完成工艺检验的钢筋有较大差异时,应再次进行工艺检验。

当发生下列情况时,应要求施工单位再次检验:

1 需要重新确定接头性能。

2 灌浆套筒材料、工艺、结构改动时。

3 灌浆料型号、成分改动时。

4 钢筋强度等级、肋形发生变化时。

5 型式检验报告超过 4 年时。

4.3.4 承受内力的后浇混凝土接头和拼缝,其混凝土强度应符合下列规定:

1 当结构和接头、拼缝强度未达到设计要求时,不得吊装上一层结构构件。当设计无具体要求时,应在混凝土强度不小于 10 N/mm² 或具有足够的支承时方可吊装上一层结构构件。

2 已安装完毕的装配整体式混凝土结构构件,应在混凝土强度达到设计要求后,方可承受全部设计荷载。

4.3.5 项目监理机构应检查预制构件安装前的临时堆放、吊装顺序、临时支撑加设顺序、连接顺序是否与设计要求和施工方案吻合。

4.3.6 采用钢筋套筒灌浆连接时,实行灌浆令制度。钢筋套筒灌浆施工前,项目监理机构应对施工单位灌浆准备工作、实施条件、安全措施等进行全面检查。检查合格后,施工单位项目负责人和总监理工程师共同签发灌浆令,现场方可进行灌浆作业。

除条文中要求的检查内容外,检查内容还应包括:灌浆机械完好状况,操作人员的上岗资格,对工艺和质量控制要点的掌握程度、对灌浆设备操作的熟练程度等。

4.3.8 监理人员应对钢筋套筒灌浆施工旁站监督,并进行旁站记录。

施工单位对钢筋套筒灌浆施工进行全过程视频拍摄,该视频作为施工单位的工程施工资料留存。视频内容必须包含:灌浆施工人员、专职检验人员、旁站监理人员、灌浆部位、预制构件编号、套筒顺序编号、灌浆出浆完成等情况。视频格式宜采用常见数码格式。视频文件应按楼栋编号分类归档保存,文件名包含楼栋号、楼层数、预制构件编号。视频拍摄以一个部件的灌浆为段落,宜定点连续拍摄。

4.3.10 根据《上海市装配整体式混凝土建筑防水技术质量管理导则》(沪建质安〔2020〕20 号)规定,预制外墙接缝采用密封胶防水时,实行打胶令制度。防水密封胶打胶施工前,施工单位质量员应对准备工作、实施条件、安全措施等进行全面检查,应重点核查接缝填胶宽度与深度、基层处理质量、涂刷底涂等是否满足打胶施工要求。项目监理机构应对以上工作进行监督与核查。检查合格后,施工单位项目负责人和总监理工程师共同签发打胶令后,现场方可进行灌浆作业。

4.3.11 项目监理机构应重视装配整体式混凝土结构工程外墙接缝的施工质量验收,并对所有预制外墙接缝进行淋水试验记录。一经发现背水面存在渗漏现象,应督促施工单位对渗漏部位进行修补,且充分干燥后,再重新对渗漏的部位进行淋水试验,直到不再出现渗漏水为止。

4.4 施工质量验收

4.4.2 建设单位和施工单位如委托第三方进行装配整体式混凝土结构施工质量检测。检测方法可参考上海市工程建设规范《装配整体式混凝土建筑检测技术标准》DG/TJ 08—2252 的有关规定。检测标准可由各方协商确定。项目监理机构宜对检测过程和结果进行记录。

4.4.5 本条针对《工程质量评估报告》中装配整体式混凝土结构工程的特点作出相关规定。完整的《工程质量评估报告》除本条规定的内容之外,还应包括常规的内容。

5 施工安全监督

5.0.2 监理人员需要熟悉图纸中设计明确的重大风险的专业要求、危大工程的重点部位和环节,要求施工单位制定针对性的施工方案,同时制定相应的监理工作措施。

5.0.3 项目监理机构的审查内容可以体现在一个施工方案中,也可分别体现在不同的专项施工方案中。项目监理机构对施工单位提交的专项施工方案的审查内容,除应符合本条规定外,还应满足常规审查要求。涉及预制构件加固、负载时,方案中需附计算书。计算复核需经设计单位确认。预制构件的存放、保护与场内驳运应包括场内运输道路和存放场地的规划、加固及安全防护。

5.0.4 装配整体式混凝土结构工程涉及的危大工程包括:

1 模板工程及支撑体系。

2 起重吊装及起重机械安装拆卸工程。

3 脚手架工程。

4 预制构件安装工程。

5 采用新技术、新工艺、新材料、新设备可能影响工程施工安全,尚无国家、行业及地方技术标准的分部分项工程。

本条还强调了项目监理机构对危大工程专项施工方案的审查流程。根据《上海市建设工程危险性较大的分部分项工程安全管理实施细则》(沪住建规范〔2019〕6号)的规定,专项施工方案包括下列主要内容:

1 工程概况:危大工程概况和特点、施工平面布置、施工要求和技术保证条件。

2 编制依据:相关法律、法规、规范性文件、标准、规范及施工图设计文件、施工组织设计等。

3 施工计划：包括施工进度计划、材料与设备计划。

4 施工工艺技术：技术参数、工艺流程、施工方法、操作要求、检查要求等。

5 施工安全保证措施：组织保障措施、技术措施、监测监控措施等。

6 施工管理及作业人员配备和分工：施工管理人员、专职安全生产管理人员、特种作业人员、其他作业人员等。

7 验收要求：验收标准、验收程序、验收内容、验收人员等。

8 应急处置措施。

9 计算书及相关施工图纸。

"危大工程""超过一定规模的危大工程"范围详见《上海市建设工程危险性较大的分部分项工程安全管理实施细则》（沪住建规范〔2019〕6号）的附件规定。

5.0.7 项目监理机构在预制构件安装前应对质量、安全保障措施按照施工方案和规范要求进行详细检查。

3 专项施工方案编制人员或者项目技术负责人应当向施工现场工程建设单位项目经理，工程施工单位项目经理、安全员、质量员、施工员，工程监理单位总监理工程师、专业监理工程师等管理人员进行方案交底；施工现场管理人员应当向作业人员进行安全技术交底，并由双方和项目专职安全生产管理人员共同签字确认。

5 现场公告应设置在显著位置，包括危大工程名称、施工时间和具体责任人员。

6 根据《装配整体式混凝土结构工程施工安全管理规定》（沪建质安〔2017〕129号）的有关规定，装配整体式混凝土结构工程施工实施吊装令制度。预制构件安装起吊前，施工、监理单位应对吊装的安全生产措施、条件进行全面检查，在取得吊装令后，方可实施安装。

5.0.8 项目监理机构应对危险性较大的分部分项工程作业情况加强巡视检查,根据作业进展情况,安排巡视次数,每日不应少于一次,并填写危险性较大的分部分项工程巡视检查记录。

节假日、夜间、灾害性天气期间以及相关管理部门有规定要求时,应增加巡视检查次数,做好检查记录。

5.0.9 预制构件安装的临时支撑拆除前,项目监理机构应检查节点连接方式和强度是否符合施工图纸和施工方案,审查相关检验报告结论是否符合要求。同时,项目监理机构还应检查临时支撑拆除前的其他施工条件是否符合相关安全管理规范和施工方案。不满足拆除条件时,施工现场不得进行临时支撑拆除作业。

6 驻厂监造

6.1 一般规定

6.1.5 驻厂监造的专业监理工程师主要履行下列职责：

1 编制驻厂监造实施细则。

2 审查预制构件制作方案。

3 检查进厂工程材料、连接件的质量。

4 参与预制构件出厂验收。

5 参与首件验收。

6 进行生产过程中的隐蔽验收。

驻厂监造的监理员主要履行下列职责：

1 检查并记录生产厂投入的人力、主要设备的使用及运行状况，跟踪生产进度。

2 检查预制构件中预埋的材料质量。

3 巡视生产情况，抽查生产质量。

项目监理机构应重点审查预制构件制作方案的质量管理措施，为配合预制构件出厂和现场安装进度，宜结合施工总进度计划审查制作方案中的生产供应计划。预制构件制作方案应审查下列内容：

1 生产工艺、模具方案。

2 质量控制措施。

3 生产进度计划及生产线安排、材料供应和劳动力组织。

4 预制构件的标识。

5 预制构件的堆放、安装和运输。

6 成品保护及缺陷处理。

6.1.6 生产厂应当建立预制构件首件验收制度。以项目为单位，对同类型主要受力预制构件和异形预制构件的首个预制构件，由生产厂技术负责人组织有关人员验收，并按照规定留存相应的验收资料，验收合格后方可进行批量生产。驻厂监造的监理人员应参与验收。

主要材料、工艺、生产环境发生重大调整的情况包括：材料性能、规格更改、生产线或生产方案发生调整、不同生产厂生产等。

6.2 材 料

6.2.1 各类材料与构配件应进行进厂检查和复验，检查项目应包括产品的品种、规格、外观、生产厂家等；复验项目、复验批次及其他要求应符合现行有关标准的规定。

6.3 制 作

6.3.6 项目监理机构应与生产厂共同制定隐蔽验收工序。预制构件制作过程中，具备隐蔽条件时，生产厂应组织质检人员进行自检后申报隐蔽验收。隐蔽验收可由项目监理机构组织，经项目监理机构与生产厂相关人员共同检查或检测。验收合格的，专业监理工程师在验收记录上签字后，生产厂可进行工程隐蔽和下一道工序施工；验收不合格的，生产厂应进行整改并重新验收。

6.4 质量验收

6.4.1 装配整体式混凝土结构的预制构件种类较多。出厂验收内容除条文规定内容外，还应遵循国家、行业和本市的各项规范、规程与标准。有产品标准的集成式预制构件尚应按标准图集要求验收。当现行标准对工程中的验收项目未作具体规定时,应由建设单位组织设计、施工、监理等相关单位制定验收要求。

6.4.6 驻厂监造文件资料的收集和归档应满足建设单位、本市档案管理部门的相关要求。

7 信息技术应用

7.0.4 竣工模型作为设计、生产、施工等各阶段模型的集合,对运维阶段有较大的意义。施工过程中,项目监理机构应督促相关参建单位按照合同约定的内容和要求,将工程实体的变更信息如实反映到模型中,并核对竣工模型与工程项目竣工实体的一致性。

8 资料管理

8.0.1 本条结合装配整体式混凝土结构工程特点,对监理文件资料作出规定。

2 包括构件吊装方案、钢筋套筒灌浆方案、外墙构件接缝防渗漏方案等。

5 人员资格类监理审核文件是针对吊装工人、灌浆工人上岗证书的审查。

8.0.2 工程监理文件资料管理应遵守现行国家标准《建设工程文件归档规范》GB/T 50328 及现行上海市工程建设规范《建设项目(工程)竣工档案编制技术规范》DG/TJ 08—2046 的相关规定。